全国计算机技术与软件专业技术资格(水平)考试指定用书

系统集成项目管理工程师考试大纲

全国计算机专业技术资格考试办公室　编

U0659459

清華大学出版社
北京

内 容 简 介

本书是全国计算机专业技术资格考试办公室编写的《系统集成项目管理工程师考试大纲》（2023年审定通过）。本书还包括人力资源和社会保障部、工业和信息化部的有关文件以及考试简介。

《系统集成项目管理工程师考试大纲》是针对全国计算机技术与软件专业技术资格（水平）考试的中级资格制定的。通过本考试的考生，可被用人单位择优聘任为工程师。

图书在版编目(CIP)数据

系统集成项目管理工程师考试大纲/全国计算机专业技术资格考试办公室编. —北京：清华大学出版社，2024.1（2024.9重印）
　全国计算机技术与软件专业技术资格（水平）考试指定用书
　ISBN 978-7-302-65178-9

　Ⅰ.①系… Ⅱ.①全… Ⅲ.①系统集成技术－项目管理－资格考试－考试大纲
Ⅳ.①TP311.5-41

中国国家版本馆 CIP 数据核字（2024）第 003810 号

责任编辑：杨如林
封面设计：杨玉兰
责任校对：徐俊伟
责任印制：宋　林

出版发行：清华大学出版社
　　网　　址：https://www.tup.com.cn，https://www.wqxuetang.com
　　地　　址：北京清华大学学研大厦 A 座　　　邮　编：100084
　　社 总 机：010-83470000　　　　　　　　　邮　购：010-62786544
　　投稿与读者服务：010-62776969，c-service@tup.tsinghua.edu.cn
　　质量反馈：010-62772015，zhiliang@tup.tsinghua.edu.cn
印 装 者：三河市天利华印刷装订有限公司
经　　销：全国新华书店
开　　本：130mm×185mm　　印　张：1.375　　字　数：31 千字
版　　次：2024 年 1 月第 1 版　　　　　　印　次：2024 年 9 月第 3 次印刷
定　　价：15.00 元

产品编号：103165-01

前　言

　　全国计算机技术与软件专业技术资格（水平）考试（以下简称"计算机软件考试"）是国家人力资源和社会保障部、工业和信息化部联合组织实施的专业技术资格考试，其目的是科学、公正地对全国计算机技术与软件专业技术人员进行职业资格和专业技术水平测试。计算机软件考试包括了计算机软件、计算机网络、计算机应用技术、信息系统、信息服务 5 个专业领域，初级资格（技术员/助理工程师）、中级资格（工程师）、高级资格（高级工程师）3 个级别层次以及 27 个专业技术资格。根据信息技术产业发展迅速及信息技术人才年轻化的特点，为了不拘一格选拔人才，报考计算机软件考试不限学历与资历条件。

　　目前，软件设计师、程序员、网络工程师、数据库系统工程师、系统分析师、系统架构设计师和信息系统项目管理师考试标准实现了中国与日本互认，程序员和软件设计师考试标准实现了中国与韩国互认。

　　计算机软件考试的考试大纲（考试标准）是由全国计算机专业技术资格考试办公室组织了全国相关企业、研究所、高校的专家，通过调研大量企业的相应专业技术岗位，参考国际先进的考试标准，逐步提炼，反复讨论并达成共识，形成了专业技术人员的知识和能力与岗位相适应的考试标准。

　　参加计算机软件考试并取得相应级别资格证书，纳入全国专业技术人员职业资格证书制度统一规划，是各用人单位聘用计算机技术与软件专业系列专业技术职务的前提。通过考试获得证书的人员，表明其已具备从事相应专业岗位工作的水平和能力，用人单位可根据工作需要从获得证书的人员中择优聘任相应专业技术职务。取得初级资格可聘任技术员或助理工程师职务；取得中级资格可聘任工程师职务；取得高级资格可聘任高级工程师职务。

计算机软件考试的其他信息详见中国计算机技术职业资格网（www.ruankao.org.cn）。

编　者

2023 年 12 月

目　　录

关于印发《计算机技术与软件专业技术资格（水平）考试暂行规定》和《计算机技术与软件专业技术资格（水平）考试实施办法》的通知 1

　　计算机技术与软件专业技术资格（水平）考试暂行规定 3

　　计算机技术与软件专业技术资格（水平）考试实施办法 7

　　计算机技术与软件专业技术资格（水平）考试专业类别、资格名称和级别对应表 10

关于中日信息技术考试标准互认有关事宜的通知 12

关于中韩信息技术考试标准互认的通知 14

系统集成项目管理工程师考试大纲 16

　　一、考试说明 16

　　二、考试范围 17

　　三、题型举例 34

人 事 部
信 息 产 业 部 文件

国人部发〔2003〕39 号

关于印发《计算机技术与软件专业
技术资格(水平)考试暂行规定》和
《计算机技术与软件专业技术资格
(水平)考试实施办法》的通知

各省、自治区、直辖市人事厅(局)、信息产业厅(局),
国务院各部委、各直属机构人事部门,中央管理的企业:

为适应国家信息化建设的需要,规范计算机技术与
软件专业人才评价工作,促进计算机技术与软件专业人
才队伍建设,人事部、信息产业部在总结计算机软件专
业资格和水平考试实施情况的基础上,重新修订了计算
机软件专业资格和水平考试有关规定。现将《计算机技
术与软件专业技术资格(水平)考试暂行规定》和《计
算机技术与软件专业技术资格(水平)考试实施办法》

印发给你们，请遵照执行。

自 2004 年 1 月 1 日起，人事部、原国务院电子信息系统推广应用办公室发布的《关于印发〈中国计算机软件专业技术资格和水平考试暂行规定〉的通知》（人职发〔1991〕6 号）和人事部《关于非在职人员计算机软件专业技术资格证书发放问题的通知》（人职发〔1994〕9 号）即行废止。

中华人民共和国　　中华人民共和国
人　事　部　　信息产业部

二〇〇三年十月十八日

计算机技术与软件专业技术
资格（水平）考试暂行规定

第一条 为适应国家信息化建设的需要，加强计算机技术与软件专业人才队伍建设，促进我国计算机应用技术和软件产业的发展，根据国务院《振兴软件产业行动纲要》以及国家职业资格证书制度的有关规定，制定本规定。

第二条 本规定适用于社会各界从事计算机应用技术、软件、网络、信息系统和信息服务等专业技术工作的人员。

第三条 计算机技术与软件专业技术资格（水平）考试（以下简称计算机专业技术资格（水平）考试），纳入全国专业技术人员职业资格证书制度统一规划。

第四条 计算机专业技术资格（水平）考试工作由人事部、信息产业部共同负责，实行全国统一大纲、统一试题、统一标准、统一证书的考试办法。

第五条 人事部、信息产业部根据国家信息化建设和信息产业市场需求，设置并确定计算机专业技术资格（水平）考试专业类别和资格名称。

计算机专业技术资格（水平）考试级别设置：初级资格、中级资格和高级资格3个层次。

第六条　信息产业部负责组织专家拟订考试科目、考试大纲和命题，研究建立考试试题库，组织实施考试工作和统筹规划培训等有关工作。

第七条　人事部负责组织专家审定考试科目、考试大纲和试题，会同信息产业部对考试进行指导、监督、检查，确定合格标准。

第八条　凡遵守中华人民共和国宪法和各项法律，恪守职业道德，具有一定计算机技术应用能力的人员，均可根据本人情况，报名参加相应专业类别、级别的考试。

第九条　计算机专业技术资格（水平）考试合格者，由各省、自治区、直辖市人事部门颁发人事部统一印制，人事部、信息产业部共同用印的《中华人民共和国计算机专业技术资格（水平）证书》。该证书在全国范围有效。

第十条　通过考试并获得相应级别计算机专业技术资格（水平）证书的人员，表明其已具备从事相应专业岗位工作的水平和能力，用人单位可根据《工程技术人员职务试行条例》有关规定和工作需要，从获得计算机专业技术资格（水平）证书的人员中择优聘任相应专业技术职务。

取得初级资格可聘任技术员或助理工程师职务；取

得中级资格可聘任工程师职务；取得高级资格可聘任高级工程师职务。

第十一条　计算机专业技术资格（水平）实施全国统一考试后，不再进行计算机技术与软件相应专业和级别的专业技术职务任职资格评审工作。

第十二条　计算机专业技术资格（水平）证书实行定期登记制度，每3年登记一次。有效期满前，持证者应按有关规定到信息产业部指定的机构办理登记手续。

第十三条　申请登记的人员应具备下列条件：

（一）取得计算机专业技术资格（水平）证书；

（二）职业行为良好，无犯罪记录；

（三）身体健康，能坚持本专业岗位工作；

（四）所在单位考核合格。

再次登记的人员，还应提供接受继续教育或参加业务技术培训的证明。

第十四条　对考试作弊或利用其他手段骗取"中华人民共和国计算机专业技术资格（水平）证书"的人员，一经发现，即行取消其资格，并由发证机关收回证书。

第十五条　获准在中华人民共和国境内就业的外籍人员及港、澳、台地区的专业技术人员，可按照国家有关政策规定和程序，申请参加考试和办理登记。

第十六条　在本规定施行日前，按照《中国计算机软件专业技术资格和水平考试暂行规定》（人职发〔1991〕6号）参加考试并获得人事部印制、人事部和信息产业部共同印制的"中华人民共和国专业技术资格证书"（计算机软件初级程序员、程序员、高级程序员资格）和原中国计算机软件专业技术资格（水平）考试委员会统一印制的"计算机软件专业水平证书"的人员，其资格证书和水平证书继续有效。

第十七条　本规定自 2004 年 1 月 1 日起施行。

计算机技术与软件专业技术
资格（水平）考试实施办法

第一条 计算机技术与软件专业技术资格（水平）考试（以下简称计算机专业技术资格（水平）考试）在人事部、信息产业部的领导下进行，两部门共同成立计算机专业技术资格（水平）考试办公室（设在信息产业部），负责计算机专业技术资格（水平）考试实施和日常管理工作。

第二条 信息产业部组织成立计算机专业技术资格（水平）考试专家委员会，负责考试大纲的编写、命题、建立考试试题库。

具体考务工作由信息产业部电子教育中心（原中国计算机软件考试中心）负责。各地考试工作由当地人事行政部门和信息产业行政部门共同组织实施，具体职责分工由各地协商确定。

第三条 计算机专业技术资格（水平）考试原则上每年组织两次，在每年第二季度和第四季度举行。

第四条 根据《计算机技术与软件专业技术资格（水平）考试暂行规定》（以下简称《暂行规定》）第五

条规定，计算机专业技术资格（水平）考试划分为计算机软件、计算机网络、计算机应用技术、信息系统和信息服务 5 个专业类别，并在各专业类别中分设了高、中、初级专业资格考试，详见《计算机技术与软件专业技术资格（水平）考试专业类别、资格名称和级别层次对应表》（附后）。人事部、信息产业部将根据发展需要适时调整专业类别和资格名称。

考生可根据本人情况选择相应专业类别、级别的专业资格（水平）参加考试。

第五条 高级资格设：综合知识、案例分析和论文 3 个科目；中级、初级资格均设：基础知识和应用技术 2 个科目。

第六条 各级别考试均分 2 个半天进行。

高级资格综合知识科目考试时间为 2.5 小时，案例分析科目考试时间为 1.5 小时、论文科目考试时间为 2 小时。

初级和中级资格各科目考试时间均为 2.5 小时。

第七条 计算机专业技术资格（水平）考试根据各级别、各专业特点，采取纸笔、上机或网络等方式进行。

第八条 符合《暂行规定》第八条规定的人员，由本人提出申请，按规定携带身份证明到当地考试管理机构报名，领取准考证。凭准考证、身份证明在指定的时间、地点参加考试。

第九条 考点原则上设在地市级以上城市的大、中专院校或高考定点学校。

中央和国务院各部门所属单位的人员参加考试，实行属地化管理原则。

第十条 坚持考试与培训分开的原则，凡参与考试工作的人员，不得参加考试及与考试有关的培训。

应考人员参加培训坚持自愿的原则。

第十一条 计算机专业技术资格（水平）考试大纲由信息产业部编写和发行。任何单位和个人不得盗用信息产业部名义编写、出版各种考试用书和复习资料。

第十二条 为保证培训工作健康有序进行，由信息产业部统筹规划培训工作。承担计算机专业技术资格（水平）考试培训的机构，应具备师资、场地、设备等条件。

第十三条 计算机专业技术资格（水平）考试、登记、培训及有关项目的收费标准，须经当地价格行政部门核准，并向社会公布，接受群众监督。

第十四条 考务管理工作要严格执行考务工作的有关规章和制度，切实做好试卷的命制、印刷、发送和保管过程中的保密工作，遵守保密制度，严防泄密。

第十五条 加强对考试工作的组织管理，认真执行考试回避制度，严肃考试工作纪律和考场纪律。对弄虚作假等违反考试有关规定者，要依法处理，并追究当事人和有关领导的责任。

附表（已按国人厅发〔2007〕139号文件更新）

计算机技术与软件专业技术资格（水平）考试专业类别、资格名称和级别对应表

资格名称 级别层次 专业类别	计算机软件	计算机网络	计算机应用技术	信息系统	信息服务
高级资格	·信息系统项目管理师 ·系统分析师 ·系统架构设计师 ·网络规划设计师 ·系统规划与管理师				
中级资格	·软件评测师 ·软件设计师 ·软件过程能力评估师	·网络工程师	·多媒体应用设计师 ·嵌入式系统设计师 ·计算机辅助设计师 ·电子商务设计师	·系统集成项目管理工程师 ·信息系统监理师 ·信息安全工程师 ·数据库系统工程师 ·信息系统管理工程师	·计算机硬件工程师 ·信息技术支持工程师
初级资格	·程序员	·网络管理员	·多媒体应用制作技术员 ·电子商务技术员	·信息系统运行管理员	·网页制作员 ·信息处理技术员

主题词：专业技术人员 考试 规定 办法 通知

抄送：党中央各部门、全国人大常委会办公厅、全国政
　　协办公厅、国务院办公厅、高法院、高检院、解
　　放军各总部。

人事部办公厅　　　　　2003 年 10 月 27 日印发

全国计算机软件考试办公室文件

软考办〔2005〕1号

关于中日信息技术考试标准互认
有关事宜的通知

各地计算机软件考试实施管理机构：

　　为进一步加强我国信息技术人才培养和选拔的标准化，促进国际间信息技术人才的流动，推动中日两国信息技术的交流与合作，信息产业部电子教育中心与日本信息处理技术人员考试中心，分别受信息产业部、人事部和日本经济产业省委托，就中国计算机技术与软件专业技术资格（水平）考试与日本信息处理技术人员考试（以下简称中日信息技术考试）的考试标准，于2005年3月3日再次签署了《关于中日信息技术考试标准互认的协议》，在2002年签署的互认协议的基础上增加了网络工程师和数据库系统工程师的互认。现就中日信息技术考试标准互认中的有关事宜内容通知如下：

　　一、中日信息技术考试标准互认的级别如下：

中国的考试级别 （考试大纲）	日本的考试级别 （技能标准）
系统分析师	系统分析师 项目经理 应用系统开发师
软件设计师	软件开发师
网络工程师	网络系统工程师
数据库系统工程师	数据库系统工程师
程序员	基本信息技术师

二、采取灵活多样的方式，加强对中日信息技术考试标准互认的宣传，不断扩大考试规模，培养和选拔更多的信息技术人才，以适应日益增长的社会需求。

三、根据国内外信息技术的迅速发展，继续加强考试标准的研究与更新，提高考试质量，进一步树立考试的品牌。

四、鼓励相关企业以及研究、教育机构，充分利用中日信息技术考试标准互认的新形势，拓宽信息技术领域国际交流合作的渠道，开展多种形式的国际交流与合作活动，发展对日软件出口。

五、以中日互认的考试标准为参考，引导信息技术领域的职业教育、继续教育改革，使其适应新形势下的职业岗位实际工作要求。

二〇〇五年三月八日

全国计算机软件考试办公室文件

软考办〔2006〕2 号

关于中韩信息技术考试标准互认的通知

各地计算机软件考试实施管理机构：

为进一步加强我国信息技术人才培养和选拔的标准化，促进国际间信息技术人才的流动，推动中韩两国信息技术的交流与合作，信息产业部电子教育中心与韩国人力资源开发服务中心，分别受中国信息产业部、人事部和韩国信息与通信部委托，就中国计算机技术与软件专业技术资格（水平）考试与韩国信息处理技术人员考试（以下简称中韩信息技术考试）的考试标准，于2006 年 1 月 19 日签署了《关于中韩信息技术考试标准互认的协议》。现就有关事项通知如下：

一、中韩信息技术考试标准互认的级别如下：

中国的考试级别 （考试大纲）	韩国的考试级别 （技能标准）
软件设计师	信息处理工程师
程序员	信息处理产业工程师

二、应采取灵活多样的方式，加强对中韩信息技术考试标准互认的宣传，不断扩大考试规模，培养和选拔更多的信息技术人才，以适应日益增长的社会需求。

三、应根据国内外信息技术的高速发展，继续加强考试标准的研究与更新，提高考试质量，进一步树立考试的品牌。

四、应鼓励相关企业以及研究、教育机构，充分利用中韩信息技术考试标准互认的新形势，拓宽信息技术领域国际交流与合作的渠道，开展多种形式的国际交流与合作活动。

五、以中韩互认的考试标准为参考，积极引导信息技术领域的职业教育与继续教育改革，使其适应新形势下的职业岗位实际工作要求。

计算机技术与软件专业技术资格（水平）考试办公室
二〇〇六年二月二十八日

系统集成项目管理工程师考试大纲

一、考 试 说 明

1. 考试目标

通过本考试的合格人员能够具备管理系统集成项目的能力；了解信息技术及其服务创新的相关知识；掌握信息系统集成的工程技术方法；掌握系统集成项目管理的知识体系；能够综合运用信息系统知识和项目管理知识，有效地组织系统集成项目全过程的实施；在项目启动阶段，具备较强的识别与组织能力，保证项目启动会议的顺利召开；在项目计划阶段，具备较强的策划能力，落实各类计划的制订与修订；在项目执行、监控和收尾过程中，具备较强的执行和控制能力，确保项目高质量展开，并能够综合运用项目管理的技术、工具和方法对项目进行监督和控制，保证项目在一定的约束条件下达到项目目标；能分析和评估项目管理计划、项目绩效和成果；能对项目进行风险管理，制定并适时执行风险应对措施；具有工程师的实际工作能力和业务水平。

2. 考试要求

（1）了解信息化知识和信息化技术，以及我国信息化建设的有关政策和发展规划；

（2）熟悉信息技术服务的相关知识；

（3）掌握计算机系统、软件、网络、数据和安全等领域的系统集成知识；

（4）掌握系统集成项目管理的知识、方法和工具；

（5）了解信息系统工程的监理知识；

（6）熟悉系统集成有关的法律法规、标准和规范；

（7）熟悉系统集成项目管理工程师对职业道德的要求；

（8）熟练阅读和正确理解相关领域的英文资料。

3.考试科目设置

（1）系统集成项目管理基础知识，考试时间为 150 分钟，选择题；

（2）系统集成项目管理应用技术（案例分析），考试时间为 150 分钟，问答题。

二、考 试 范 围

考试科目 1：系统集成项目管理基础知识

1. 信息化发展

  1.1 信息与信息化

      1.1.1 信息基础

      1.1.2 信息系统基础

      1.1.3 信息化基础

  1.2 现代化基础设施

      1.2.1 新型基础设施建设

      1.2.2 工业互联网

      1.2.3 城市物联网

  1.3 产业现代化

      1.3.1 农业农村现代化

      1.3.2 工业现代化

      1.3.3 服务现代化

  1.4 数字中国
      1.4.1 数字经济
      1.4.2 数字政府
      1.4.3 数字社会
      1.4.4 数字生态
  1.5 数字化转型与元宇宙
      1.5.1 数字化转型
      1.5.2 元宇宙

2. **信息技术发展**
  2.1 信息技术及其发展
      2.1.1 计算机软硬件
      2.1.2 计算机网络
      2.1.3 存储和数据库
      2.1.4 信息安全
      2.1.5 信息技术的发展
  2.2 新一代信息技术及应用
      2.2.1 物联网
      2.2.2 云计算
      2.2.3 大数据
      2.2.4 区块链
      2.2.5 人工智能
      2.2.6 虚拟现实
  2.3 新一代信息技术发展与展望

3. **信息技术服务**
  3.1 内涵与外延
      3.1.1 服务的特征
      3.1.2 IT 服务的内涵

　　　　3.1.3　IT 服务的外延

　　　　3.1.4　IT 服务业的特征

　　3.2　原理与组成

　　　　3.2.1　IT 服务原理

　　　　3.2.2　组成要素

　　3.3　服务生命周期

　　　　3.3.1　战略规划

　　　　3.3.2　设计实现

　　　　3.3.3　运营提升

　　　　3.3.4　退役终止

　　3.4　服务标准化

　　　　3.4.1　服务产业化

　　　　3.4.2　服务标准

　　3.5　服务质量评价

　　　　3.5.1　相关方模型

　　　　3.5.2　互动模型

　　　　3.5.3　质量模型

　　3.6　服务发展

　　　　3.6.1　发展环境

　　　　3.6.2　发展现状与趋势

　　3.7　服务集成与实践

　　　　3.7.1　实践背景

　　　　3.7.2　服务产品与组合

　　　　3.7.3　项目组织与里程碑计划

　　　　3.7.4　项目风险识别与控制

4.　信息系统架构

　　4.1　架构基础

  4.1.1 指导思想

  4.1.2 设计原则

  4.1.3 建设目标

  4.1.4 总体框架

4.2 系统架构

  4.2.1 架构定义

  4.2.2 架构分类

  4.2.3 一般原理

  4.2.4 常用架构模型

  4.2.5 规划与设计

  4.2.6 价值驱动的体系结构

4.3 应用架构

  4.3.1 基本原则

  4.3.2 分层分组

4.4 数据架构

  4.4.1 发展演进

  4.4.2 基本原则

  4.4.3 架构举例

4.5 技术架构

  4.5.1 基本原则

  4.5.2 架构举例

4.6 网络架构

  4.6.1 基本原则

  4.6.2 局域网架构

  4.6.3 广域网架构

  4.6.4 移动通信网架构

  4.6.5 软件定义网络

4.7 安全架构

    4.7.1 安全威胁

    4.7.2 定义和范围

    4.7.3 整体架构设计

    4.7.4 网络安全架构设计

    4.7.5 数据库系统安全设计

    4.7.6 安全架构设计案例分析

4.8 云原生架构

    4.8.1 发展概述

    4.8.2 架构定义

    4.8.3 基本原则

    4.8.4 常用架构模式

    4.8.5 云原生案例

5. 软件工程

5.1 软件工程定义

5.2 软件需求

    5.2.1 需求的层次

    5.2.2 质量功能部署

    5.2.3 需求获取

    5.2.4 需求分析

    5.2.5 需求规格说明书

    5.2.6 需求变更

    5.2.7 需求跟踪

5.3 软件设计

    5.3.1 结构化设计

    5.3.2 面向对象设计

    5.3.3 统一建模语言

    5.3.4　设计模式

5.4　软件实现

    5.4.1　软件配置管理

    5.4.2　软件编码

    5.4.3　软件测试

5.5　部署交付

    5.5.1　软件部署

    5.5.2　软件交付

    5.5.3　持续交付

    5.5.4　持续部署

    5.5.5　部署和交付的新趋势

5.6　软件质量管理

5.7　软件过程能力成熟度

    5.7.1　成熟度模型

    5.7.2　成熟度等级

6.　数据工程

6.1　数据采集和预处理

    6.1.1　数据采集

    6.1.2　数据预处理

    6.1.3　数据预处理方法

6.2　数据存储及管理

    6.2.1　数据存储

    6.2.2　数据归档

    6.2.3　数据备份

    6.2.4　数据容灾

6.3　数据治理和建模

    6.3.1　元数据

6.3.2 数据标准化

6.3.3 数据质量

6.3.4 数据模型

6.3.5 数据建模

6.4 数据仓库和数据资产

6.4.1 数据仓库

6.4.2 主题库

6.4.3 数据资产管理

6.4.4 数据资源编目

6.5 数据分析及应用

6.5.1 数据集成

6.5.2 数据挖掘

6.5.3 数据服务

6.5.4 数据可视化

6.6 数据脱敏和分类分级

6.6.1 数据脱敏

6.6.2 数据分类

6.6.3 数据分级

7. 软硬件系统集成

7.1 系统集成基础

7.2 基础设施集成

7.2.1 弱电工程

7.2.2 网络集成

7.2.3 数据中心集成

7.3 软件集成

7.3.1 基础软件集成

7.3.2 应用软件集成

      7.3.3　其他软件集成

  7.4　业务应用集成

8.　信息安全工程

  8.1　信息安全管理

      8.1.1　保障要求

      8.1.2　管理内容

      8.1.3　管理体系

      8.1.4　等级保护

  8.2　信息安全系统

      8.2.1　安全机制

      8.2.2　安全服务

  8.3　工程体系架构

      8.3.1　安全工程基础

      8.3.2　ISSE-CMM 基础

      8.3.3　ISSE 过程

      8.3.4　ISSE-CMM 体系结构

9.　项目管理概论

  9.1　PMBOK 的发展

  9.2　项目基本要素

      9.2.1　项目基础

      9.2.2　项目管理

      9.2.3　项目成功的标准

      9.2.4　项目、项目集、项目组合和运营管理之间的关系

      9.2.5　项目运行环境

      9.2.6　组织系统

      9.2.7　项目管理和产品管理

9.3　项目经理的角色

9.4　项目生命周期和项目阶段

　　9.4.1　定义与特征

　　9.4.2　生命周期类型

9.5　项目立项管理

　　9.5.1　项目建议与立项申请

　　9.5.2　项目可行性研究

　　9.5.3　项目评估与决策

9.6　项目管理过程组

9.7　项目管理原则

9.8　项目管理知识领域

9.9　价值交付系统

10.　启动过程组

10.1　制定项目章程

　　10.1.1　主要输入

　　10.1.2　主要输出

10.2　识别干系人

　　10.2.1　主要输入

　　10.2.2　主要工具与技术

　　10.2.3　主要输出

10.3　启动过程组的重点工作

　　10.3.1　项目启动会议

　　10.3.2　关注价值和目标

11.　规划过程组

11.1　制订项目管理计划

　　11.1.1　主要输入

　　11.1.2　主要输出

11.2　规划范围管理

　　11.2.1　主要输入

　　11.2.2　主要输出

11.3　收集需求

　　11.3.1　主要输入

　　11.3.2　主要工具与技术

　　11.3.3　主要输出

11.4　定义范围

　　11.4.1　主要输入

　　11.4.2　主要输出

11.5　创建 WBS

　　11.5.1　主要输入

　　11.5.2　主要工具与技术

　　11.5.3　主要输出

11.6　规划进度管理

　　11.6.1　主要输入

　　11.6.2　主要输出

11.7　定义活动

　　11.7.1　主要输入

　　11.7.2　主要工具与技术

　　11.7.3　主要输出

11.8　排列活动顺序

　　11.8.1　主要输入

　　11.8.2　主要工具与技术

　　11.8.3　主要输出

11.9　估算活动持续时间

　　11.9.1　主要输入

11.9.2　主要工具与技术

11.9.3　主要输出

11.10　制订进度计划

11.10.1　主要输入

11.10.2　主要工具与技术

11.10.3　主要输出

11.11　规划成本管理

11.11.1　主要输入

11.11.2　主要输出

11.12　估算成本

11.12.1　主要输入

11.12.2　主要输出

11.13　制定预算

11.13.1　主要输入

11.13.2　主要输出

11.14　规划质量管理

11.14.1　主要输入

11.14.2　主要工具与技术

11.14.3　主要输出

11.15　规划资源管理

11.15.1　主要输入

11.15.2　主要工具与技术

11.15.3　主要输出

11.16　估算活动资源

11.16.1　主要输入

11.16.2　主要输出

11.17　规划沟通管理

11.17.1 主要输入

11.17.2 主要工具与技术

11.17.3 主要输出

11.18 规划风险管理

11.18.1 风险基本概念

11.18.2 主要输入

11.18.3 主要输出

11.19 识别风险

11.19.1 主要输入

11.19.2 主要工具与技术

11.19.3 主要输出

11.20 实施定性风险分析

11.20.1 主要输入

11.20.2 主要工具与技术

11.20.3 主要输出

11.21 实施定量风险分析

11.21.1 主要输入

11.21.2 主要工具与技术

11.21.3 主要输出

11.22 规划风险应对

11.22.1 主要输入

11.22.2 主要工具与技术

11.22.3 主要输出

11.23 规划采购管理

11.23.1 主要输入

11.23.2 主要输出

11.23.3 合同类型

11.23.4　合同内容

11.24　规划干系人参与

11.24.1　主要输入

11.24.2　主要工具与技术

11.24.3　主要输出

12.　执行过程组

12.1　指导与管理项目工作

12.1.1　主要输入

12.1.2　主要输出

12.2　管理项目知识

12.2.1　主要输入

12.2.2　主要输出

12.3　管理质量

12.3.1　主要输入

12.3.2　主要工具与技术

12.3.3　主要输出

12.4　获取资源

12.4.1　主要输入

12.4.2　主要工具与技术

12.4.3　主要输出

12.5　建设团队

12.5.1　主要输入

12.5.2　主要输出

12.6　管理团队

12.6.1　主要输入

12.6.2　主要工具与技术

12.7　管理沟通

12.7.1 主要输入

12.7.2 主要工具与技术

12.7.3 主要输出

12.8 实施风险应对

主要输入

12.9 实施采购

12.9.1 主要输入

12.9.2 主要输出

12.10 管理干系人参与

主要输入

13. 监控过程组

13.1 控制质量

13.1.1 主要输入

13.1.2 主要工具与技术

13.1.3 主要输出

13.2 确认范围

13.2.1 确认范围的关键内容

13.2.2 主要输入

13.2.3 主要输出

13.3 控制范围

13.3.1 主要输入

13.3.2 主要输出

13.4 控制进度

13.4.1 主要输入

13.4.2 主要工具与技术

13.4.3 主要输出

13.5 控制成本

13.5.1　主要输入

13.5.2　主要工具与技术

13.5.3　主要输出

13.6　控制资源

　　主要输入

13.7　监督沟通

　　主要输入

13.8　监督风险

13.8.1　主要输入

13.8.2　主要工具与技术

13.8.3　主要输出

13.9　控制采购

13.9.1　主要输入

13.9.2　主要工具与技术

13.9.3　主要输出

13.10　监督干系人参与

13.10.1　主要输入

13.10.2　主要工具与技术

13.10.3　主要输出

13.11　监控项目工作

13.11.1　主要输入

13.11.2　主要工具与技术

13.11.3　主要输出

13.12　实施整体变更控制

13.12.1　主要输入

13.12.2　主要输出

14. 收尾过程组

    14.1   结束项目和阶段

        14.1.1 主要输入

        14.1.2 主要输出

    14.2   收尾过程组的重点工作

        14.2.1 项目验收

        14.2.2 项目移交

        14.2.3 项目总结

15. 组织保障

    15.1   信息和文档管理

        15.1.1 信息和文档

        15.1.2 信息（文档）管理规则和方法

    15.2   配置管理

        15.2.1 基本概念

        15.2.2 角色与职责

        15.2.3 目标与方针

        15.2.4 管理活动

    15.3   变更管理

        15.3.1 基本概念

        15.3.2 角色与职责

        15.3.3 工作程序

        15.3.4 变更控制

        15.3.5 版本发布和回退计划

16. 监理基础知识

    16.1   监理的意义和作用

    16.2   监理相关概念

    16.3   监理依据

16.4　监理内容

16.5　监理要素

　　16.5.1　监理合同

　　16.5.2　监理服务能力

17.　法律法规和标准规范

17.1　法律法规

　　17.1.1　法与法律

　　17.1.2　法律体系

　　17.1.3　法的效力

　　17.1.4　法律法规体系的效力层级

　　17.1.5　信息系统集成项目管理中常用的法律

17.2　标准规范

　　17.2.1　标准和标准化

　　17.2.2　标准分级与标准分类

　　17.2.3　我国标准的编号及名称

　　17.2.4　我国标准的有效期

　　17.2.5　信息系统集成项目管理中常用的标准规范

18.　职业道德规范

18.1　基本概念

18.2　项目管理工程师职业道德规范

18.3　项目管理工程师岗位职责

18.4　项目管理工程师对项目团队的责任

18.5　提升个人道德修养水平

考试科目2：系统集成项目管理应用技术（案例分析）

　　根据试题给定的案例分析场景，应用系统集成和项目管理知识对案例场景进行分析，得到相应的结论或给出建议。

案例分析基于系统集成项目管理工程师需要熟悉和掌握的知识范围展开，涉及内容："考试科目 1：系统集成项目管理基础知识"中"3. 信息技术服务"至"15. 组织保障"，以及"17. 法律法规和标准规范"和"18. 职业道德规范"。

三、题型举例

（一）选择题

（1）从项目、项目集、项目组合管理的目标来看，_____注重于开展"正确"的工作，即"做正确的事"。

    A. 项目组合管理   B. 单个项目管理

    C. 大项目管理   D. 项目集管理

（2）_____不属于 CIA 三要素。

    A. 可靠性   B. 保密性

    C. 完整性   D. 可用性

（二）案例题

某项目共有 9 个活动（A～I），总预算 BAC 为 102 万元。该项目活动关系、工期和截止到第 4 周周末的相关项目数据如下表所示。

项目数据表

活动编号	紧前活动	活动工期/周	PV/万元	EV/万元	AC/万元
A	—	3	6	6	4
B	—	2	5	5	4
C	—	4	10	7	6
D	A	7	5	2	3

活动编号	紧前活动	活动工期/周	PV /万元	EV /万元	AC /万元
E	B	2	4	3	3
F	B	6	4	8	10
G	C	8	0	0	0
H	D、E	8	0	0	0
I	F、G	7	0	0	0

【问题1】（7分）

结合案例：

（1）请绘制项目的双代号网络图。

（2）请确定项目的关键路径及工期。

【问题2】（4分）

请计算活动E的自由浮动时间和总浮动时间。

【问题3】（6分）

请判断项目在第4周周末时的进度与成本绩效，并说明原因。

【问题4】（2分）

项目经理认为目前项目出现进度的问题是暂时情况，后期项目会重新回到正轨，请帮助项目经理重新估算项目的总成本。